AUX REPRÉSENTANTS DE LA NATION.

DE L'ORGANISATION DE LA NATION

ou Société Française

PAR

L'ORGANISATION DE L'AGRICULTURE FRANÇAISE.

Aux Représentants de la Nation.

DE

L'ORGANISATION DE LA NATION

OU

SOCIÉTÉ FRANÇAISE

PAR L'ORGANISATION DE L'AGRICULTURE FRANÇAISE,

par Desrosiers aîné,

CULTIVATEUR.

PARIS,

CHEZ M. DESROSIERS, PASSAGE SAUCEDE,

ET RUE DU PETIT-HURLEUR, 3.

1848.

DE L'ORGANISATION

DE LA NATION FRANÇAISE

PAR

L'ORGANISATION DE L'AGRICULTURE FRANÇAISE.

Garantir à tous la liberté;

Garantir au propriétaire ses revenus, au prolétaire son industrie ;

Garantir à la nation son approvisionnement;

Garantir au commerce des débouchés;

Garantir à la France force et sécurité à l'intérieur ; grandeur et puissance à l'étranger ;

Tel doit être le but de tout Gouvernement possible en France.

Avant le 24 février 1848, jour à jamais mémorable dans les annales du monde, j'étais un obscur cultivateur, luttant contre les circonstances fâcheuses dont notre noble industrie est accablée; luttant, dis-je, contre la perte des bestiaux et contre la mévente des laines dont nous avons été frappés par cette inique ordonnance de 1834, qui, pour donner l'essor à la manufacture lainière, a frappé tous les cultivateurs d'une contenance de 150 hectares de terre labourable, cela annuellement d'une perte, de 1,800 à 2,000 fr. qui était juste, le bénéfice qu'il avait droit d'attendre; sentant l'iniquité d'un tel partage des chances de réussite entre le commerce et l'agriculture, j'avais au commencement de janvier 1844, lors de la formation du congrès agricole qui, dans l'origine, était le congrès de producteurs de laines, adressé aux membres chargés d'organiser cette réunion, et notamment à M. Dailly, une lettre par laquelle je le priais de mettre à profit son influence auprès des cultivateurs, pour provoquer des réunions à Étampes et à Chartres, de cultivateurs qui pussent envoyer au congrès agricole leurs délégués. A cette époque, le gouvernement et le commerce des manufactures voyant avec peine s'élever une nouvelle puissance à leur côté, ont cherché tous les moyens d'entraver la marche du congrès, et ont même fait avorter ou oublier la question principale, c'est-à-dire le rappel de l'ordonnance de 1834. Tout le monde connaît l'histoire de la tracasserie du gouvernement, et la manière dont on a composé le congrès.

Intimidé sans doute par le mauvais vouloir du gouvernement, m'a répondu que lui, simple membre du bureau, ne se croit pas avoir le droit de provoquer de semblables réunions, tout en reconnaissant la justesse de mes réclamations, et l'état précaire et ruineux où se trouvait l'élève des bêtes à laine. M. Dailly me dit aussi que l'entretien des bêtes à laine étant onéreux à sa connaissance, il a pris le parti d'en diminuer le nombre, et que pour que ses terres n'en aient pas à souffrir, il fait usage du tourteau de colza qui, dit-il, a une puissante végétation.

Je crois qu'en parlant de tourteaux de colza, M. Dailly ignorait l'état de concurrence que le commerce d'importation faisait aux producteurs de graines oléagineuses qui, depuis 1835, tendait toujours à augmenter ; car, en 1835, la France n'en reçut que 103,000 quintaux métriques, et en 1841, ce chiffre atteignait 700,422 quintaux métriques, et que la baisse des prix seule fit baisser cette importation sans lui porter un grand coup, car elle est encore en 1845 de 514,846 quintaux métriques, et que cette importation était faite dans nos ports du Midi, et que l'Anglais s'appropriait pour les transporter sur son sol où pour engraisser ses bêtes, et conséquemment ses terres à nos dépens, et qu'une importation de nouvelle date (la sésame) prenait une extension telle qu'elle devait faire disparaître complètement de notre sol, la culture des graines oléagineuses, et nous rendre par là l'emploi du tourteau impossible pour atteindre le but qu'il me proposait.

Car cette graine, connue sous le nom de sésame, s'importait chez nous en 1840 à 1,328 quintaux seulement, tandis qu'en 1844, elle atteignait le chiffre de 169,113 quintaux métriques, ainsi que le prouve aussi le rapport de M. Passy. Comme en 1834, le gouvernement accordait là tout au commerce, et rien à l'agriculture, sans laquelle le commerce ne saurait vivre en France.

Le gouvernement qui vient de tomber était impopulaire en France, par le seul motif qu'il ne servait pas les intérêts de la nationalité française, et qu'il se prêtait plutôt aux intérêts de la nation anglaise, je vais le démontrer en deux mots :

L'ordonnance de 1834 découragea et annula le producteur de laine en France, en le mettant aux prises avec la production de la laine étrangère ; aussi vit-on préférer les laines d'Allemagne aux nôtres, et le prix de nos laines diminuer du tiers, tandis que la consommation en augmentait. Par là le marché de Londres s'est trouvé dégagé de l'apport des laines d'Allemagne, lui a fait étendre son commerce maritime, en cherchant à étendre ses produits analogues dans l'Austrasie; car, en 1835, l'Angleterre ne recevait de ses possessions lointaines que 1,000,000 kilog. de laines, tandis qu'en 1836, elle en recevait 4,000,000 kilog., et qu'en 1841 elle en recevait 9,000,000 kilog., et qu'en 1846, elle en a reçu 13,000,000 kilog. Ceci prouve l'extension de production qu'elle sut donner à ses colonies, tandis qu'à partir de ce jour, l'introduction des laines d'Allemagne semble plutôt diminuer quoiqu'elle ait acquis à cette époque un agrandissement étonnant dans ses débouchés; car c'est depuis 1840 qu'elle domine dans l'Asie occidentale et orientale en reine absolue pour son commerce; dans l'Occident par son influence, dans la Palestine et la Syrie, et dans l'Orient par son traité avec la Chine et ses immenses possessions; c'est donc une preuve évidente que les laines d'Allemagne sont venues s'écouler chez nous, et depuis ce jour, fait aux producteurs français une concurrence mortelle qui tend tous les jours à grandir si les lois n'y apportent remède. 1835 a vu apparaître sur nos marchés les laines d'Allemagne; 1848 a vu se faire à Londres des achats assez considérables pour notre fabrication, alors donc les faits prouvent que la politique suivie par le gouvernement déchu a fait de l'Angleterre, l'entrepôt de tous les commerces qu'elle exploite pour agrandir sa puissance territoriale et sa puissance maritime. Territoriale en assurant à ses colons le débouché de leurs produits (laines d'Australasie), et maritime en augmentant son matériel maritime pour en assurer le transport de ces produits matériels qui ne peut déjà plus suffire à le traîner. Voilà pour le commerce des laines; je vais parler maintenant de l'exportation des tourteaux qui elle aussi procure des moyens d'entretenir l'activité de sa marine, et d'engraisser son sol aux dépens du nôtre.

La loi du 9 juin 1845, sur l'importation des produits étrangers et l'exportation des nôtres, a apporté, il est vrai, quelques entraves à l'introduction progressante des graines oléagineuses; alors sur les réclamations de l'agriculture, cette loi releva les droits qui frappaient alors cette introduction, mais pas encore assez pour empêcher le commerce étranger de diminuer ses apports et faire cesser, pour nous, cette concurrence; puisque, depuis la baisse de 1835, le prix de nos ventes ne s'est pas relevé et, plus, tend à baisser; en voici la preuve : En 1845, l'huile de colza valait, à Paris, 111 fr. 50 c., et qu'en janvier 1847, elle se vendait difficilement au-dessus de 100 francs.

Les droits sont par cette loi augmentés, car pour le colza et l'œillet, le droit primitif de 2 fr. 50 cent. est porté à 5 fr., le décime compris, et celui de 1 fr. pour la graine de lin à 4 fr. La graine de sésame n'étant pas bien connue pour sa valeur oléifère, avait avant cette loi été assimilée aux graines de colza et œillet, et payait comme elle 2 fr. 50 cent. La grande extension d'introduction ayant fait ouvrir les yeux aux agents de la douane, on reconnut que les principes oléifères étaient étonnamment plus grands que ceux des graines auxquelles elle était assimilée, aussi est-ce pour ce motif que l'on porta ce droit de 2 fr. 50 cent. à 10 fr., voulant par là rétablir l'équilibre du droit entre la valeur de ces diverses sortes de graines. Malgré l'augmentation des droits et la baisse de nos huiles, le commerce étranger n'a pas diminué le chiffre de ses importations, car ce chiffre, qui était pour la graine de lin, de 288,792 quintaux métriques, en 1845 et 1846, a atteint celui de 299,759 quintaux métriques en 1847. La graine de sésame seule a un peu fléchi, puisqu'ayant atteint le chiffre de 154000 quintaux en 1846, elle est descendue à 142,975 en 1847. L'excédant de l'introduction des graines de lin a été une compensation à l'apport, et puis la grande activité du commerce des grains pendant la campagne de 1847 a été un obstacle à son apport. Ainsi, donc, malgré ce qu'aurait désiré faire cette loi, notre position, loin de s'améliorer, est plutôt devenue encore désavantageuse et nous rend matériellement impossible l'emploi d'un tel engrais, que sa rareté tend à faire même augmenter.

La marine anglaise, ainsi que le prouve le rapport de M. Passy, faisant pour sa bonne part le commerce d'importation de ces graines, n'a non plus pas été arrêtée de nous enlever les tourteaux qui en provenaient, quoique le gouvernement ait frappé à l'exportation ces résidus d'un droit de 2 fr. 25 c. par 100 kilos, et nous laisse par là le découragement de nous livrer à cette production sans nous laisser la consolation de pouvoir nous servir des débris de ce qui fait notre malheur, qui auraient si bien pu engraisser nos bestiaux et nos terres; donc dans ces deux grandes questions, l'Angleterre y trouve plus son avantage que nous-mêmes. Le gouvernement était sans doute aussi préoccupé d'un faitqui était de faire disparaître de nos plaines toutes ces cultures industrielles qui, suivant lui, absorbaient une trop grande part de nos champs au détriment de la production du blé, surtout en présence de l'augmentation de la population; la guerre à laquelle le gouvernement s'est si bien prêté pour faire disparaître nos manufactures de sucre indigène, en est la preuve la plus évidente. Le gouvernement semblait ignorer que sans bestiaux point de bonne culture, et que sans bonne culture pas d'ouvrages pour occuper la population et pas de pain pour la nourrir; car la culture du colza comme la culture de la betterave employait d'innombrables bras et fournissait des résidus d'une grande valeur pour l'engrais des bestiaux et prépare nos champs à nous fournir, si ce n'est pas pour le moment, d'abondantes récoltes de blé, mais pour le sûr, d'abondantes prairies qui, plus tard, nous fourniront de bonnes récoltes de blé. Jacques Bujault dit :

Le pré repose la terre du blé,
Vous aurez après un pré triple récolte de blé;
Et qui laboure tout et toujours
Ne portera pas culotte de velours;

et que celui qui ne fait pas de pré n'aura pas de blé. J'en appelle aux connaissances des cultivateurs, membres de la Représentation nationale, le développement de ces deux questions, laine et huile, prouvent jusqu'à l'évidence où nous menait la politique suivie à cette époque et me fait dire que nous nous prêtions à l'extension de la puissance maritime de l'Angleterre au détriment des intérêts de notre nationalité.

Malgré ce qu'aurait désiré atteindre la loi du 9

juin 1845, quel a été le but que se proposait le gouvernement de Louis-Philippe dans le traité de commerce qu'il fit avec la Russie?

L'introduction des céréales et des graines oléagineuses contre l'exportation de vins, ou en d'autres termes le monopole du commerce de mer contre le bien-être de la population agricole, puisque ce commerce lui aurait apporté l'avilissement des prix de ses principaux produits, et par là le manque d'ouvrage; car il ne suffit pas de payer les choses utiles à la vie à bon compte, si l'on ne peut encore amasser le peu qu'il faut encore pour se les procurer, tandis que ce commerce enlevait à la consommation de la masse des travailleurs ce précieux confortable dont on eût dû chercher à augmenter la consommation en répandant plus d'aisance dans la masse de la population et qu'on eût dû dégrever de l'impôt inique de l'exercice.

Une considération majeure avait peut-être fait prendre ce parti à ce gouvernement; cette considération est que les pays vinicoles, ainsi que ceux qui ont le plus besoin de blé, sont, il est vrai, sur le littoral de la mer Méditéranée. Cette considération étant, dis-je, majeure, surtout dans notre organisation sociale de cette époque, et surtout dans la prévision du monopole qu'auraient pu exercer les chemins de fer qui auraient pu s'approprier le transport et le commerce de vins et de grains, et reconstituer des priviléges par trop criants ; le gouvernement sentant sans doute les graves inconvénients que l'organisation de ces compagnies eût pu amener, avait voulu contre-balancer ces inconvénients par la concurrence du commerce de mer pour l'approvisionnement et les débouchés de ces contrées, n'avait pas cru mieux faire que de chercher l'annulation de ce monopole par cette concurrence, posant ainsi petit à petit cette théorie si subversive des nationalités, ouvrant ainsi nos pays du Midi au trop plein des greniers d'Odessa et le trop des greniers de nos fertiles plaines du Nord aux besoins dévorants de cette Angleterre qui semble être menacée de la famine.

O gouvernement anti-national ! tu te prêtais donc à toutes les conceptions de l'Angleterre et tu ignorais qu'un peuple ne saurait vivre s'il ne fait tout pour lui et par lui.

Le gouvernement à créer devra-t-il n'hésiter à faire ce qu'on reproche d'avoir manqué de faire au gouvernement déchu, quant aux chemins de fer ? Non.

Doit-il s'arrêter aux réclamations des hommes dans

les mains desquels les fautes du gouvernement passé avaient constitué un vrai monopole? Non.

Serait-ce cette protestation des capitalistes anglais qui lui ferait craindre la guerre de la part de l'Angleterre, nation qui nous sera toujours ennemie, lorsqu'elle verra grandir notre force et notre puissance? Non.

Alors, que doit faire le gouvernement, me demandera-t-on? S'emparer de toutes les grandes lignes de chemins de fer, en consolider la masse et remettre à d'autres temps le remboursement;

De faire continuer avec activité les lignes en exécution et ne concéder à l'exploitation privée que des lignes latérales et d'une longueur restreinte.

Le gouvernement doit donc poursuivre avec activité la ligne qui reliera Marseille avec le Hâvre, en passant par Lyon et Paris, et relier Toulouse, Bordeaux, Limoges, Nantes et les villes des rives de la Loire avec Paris et Lille, et faire participer nos départements de l'Est au bénéfice de ces artères par le chemin de Strasbourg et de Strasbourg à Huningue d'Huningue à Lyon.

Par là le gouvernement étant propriétaire de toutes

ces lignes pourra, soit par lui-même, soit en prêtant ses moyens de transport au commerce individuel, pour reporter, dis-je, le trop plein d'une de nos contrées vers les besoins de l'autre ; ainsi, le Midi nous fournira ses vins, qui n'iront plus faire les délices des Russes, mais ranimer les forces de nos travailleurs du Nord ; et nos campagnes du Nord lui fourniront des blés qui n'iront plus alimenter cette Angleterre, à qui nous céderons, il est vrai, le sceptre de la mer, que nous ne pouvons plus lui disputer : jetons nos yeux sur la carte du globe, à peine pouvons-nous y apercevoir quelques points où flotte notre drapeau ; car pouvons-nous compter sur nos possessions des Antilles, après l'émancipation de l'Esclavage ? Non, l'exemple de la Jamaïque doit nous dire ce que doivent attendre nos colons. Ce sont là les preuves de l'expérience et la conviction intime de tous les hommes de mer.

L'éloignement de l'île Bourbon nous permet-il de la conserver si l'Angleterre veut nous la disputer? Non. — Je ne parle pas de nos possessions des Indes qui ne sont que des établissements imaginaires par leur position, au milieu des vastes possessions anglaises, des oripeaux dont nous aveugle et nous flatte ce colosse des mers. Et parlerai-je aussi des Marquises, possessions chimériques à côté de cette riche possession anglaise dont les produits viennent déjà, après seulement soixante ans de colonisation, faire une concurrence mortelle à nos propres produits par leur exportation de laines ? Parlerai-je aussi de ce fanfare de protectorat que l'Angleterre nous a si maladroitement disputé en jetant le mépris sur des hommes qui servaient ses intérêts avec tant de persistance et d'ardeur.

O ! Destin, que tu es incompréhensible dans tes voies.

O France ! abandonne tous ces vains oripeaux de puissance maritime, fais-toi grande chez toi, et ton nom et ta puissance deviendront grands aux nations !

Tes possessions des Antilles vont t'échapper ! Bourbon seul reste encore comme le rocher au sein de la mer ; debout bravant la tempête, il est encore à toi ! Fais-en un noble usage et récompense la vertu malheureuse et que Joinville, qui promenait ton drapeau avec tant d'orgueil sur les mers, trouve dans l'exil encore un sol français où il puisse se reposer et jeter de là encore un regard d'amour vers la mère, patrie dont la folie d'un père l'a exilé !

Et toi, Joinville ! fier encore de commander à des

Français parce que tu es Français, tu seras le refuge et le protecteur de nos vaisseaux battus par la tempête.

Tel est, France, le plus noble emploi que tu puisse faire de tes colonies lointaines; mais concentre toute ta puissance sur cette terre que tu te complais à appeler française, et qui t'a déjà coûté tant de sang et de sacrifices. C'est là, et là seul, qu'il est une colonie possible pour toi.

Les résistances d'Albion doivent t'apprendre ce qu'elle en pense, et mets à exécution la pensée du grand homme, qui, disait-il, voulait faire de la Méditérannée, un lac français.

Eh! quoi, hésiteras-tu, lorsque le destin semble t'en préparer les voies. Les côtes de l'Italie te sont amies. Tunis te reçoit comme un allié sur la foi de qui l'on peut compter; l'Egypte vit pour toi, et te regarde comme son ami et son égide; la Grèce a vu tes nobles soldats combattre pour elle contre ces Musulmans fatalistes, que leur faiblesse d'aujourd'hui démoralise.

Et ce détroit et ce rocher formidable qui nous défend de porter nos forces de l'Océan sur ce champ de dispute?

Eh! quoi, oublies-tu que c'est de Toulon qu'est partie la renommée qui a grandi cet homme qui a fait ta gloire, et que de Toulon aussi peuvent sortir ces flammes aux trois couleurs qui peuvent aussi faire respecter ta puissance. Oui, c'est là, France, que tu dois jouir de ta puissance maritime, tout en conservant dans tes ports de l'Océan, tes forces pour te faire respecter.

C'est là aussi que cette rusée Angleterre t'attaque en cherchant à contrebalancer ton influence ; chez le Turc, par l'avidité du Russe; chez le Grec, par ses machinations; chez l'Égyptien, par le pouvoir qu'il se fonde dans la Palestine et la Syrie ; et chez l'Italien, par la haine et la division de la Sicile qu'elle pense un jour devoir devenir sa possession, et qui plus tard comme Malte seront des forteresses qu'il te faudra éviter. Eh quoi! ne te rappelles-tu pas sa méfiance et la tracasserie qu'elle t'a fait subir le jour que tu as demandé le droit de déposer à Majorque du charbon pour ravitailler tes vaisseaux à vapeur ; et les vastes incendies de Brest et de Toulon ne sont-ils pas présents à ta mémoire. L'Afrique peut te produire tout ce que les Antilles te fournissent d'utile; dès aujourd'hui la culture peut te fournir des huiles et du grain qu'elle produisait autrefois en telle abondance que les Romains l'appelait le grenier de Rome ; des essais pourront y introduire le cotonnier, la canne à sucre, et peut-être aussi le cafétier ; car la persistance fait venir à bout de bien des choses, et l'assainissement change bien la nature des terres et l'influence de l'atmosphère. Cette position fâcheuse et peu sentie de notre pays dans la réunion des principaux cultivateurs du département de Seine-et-Oise, dont je faisais partie, réunion du 26 mars, m'a fait sortir de ma position, et font aujourd'hui développer les idées que j'ai si hardiment émises dans cette assemblée ; opinions qui ont pour le pays un avenir incommensurable. Outre la concurrence que le commerce et les produits étrangers font à notre agriculture, il en est une autre plus sentie et plus apparente, c'est la concurrence que tous les cultivateurs se font entre eux, la courte durée des baux et l'avidité du propriétaire qui, jointes aux mauvaises chances de la culture, tend tous les jours à amoindrir la valeur réelle du sol, et peut jeter les populations dans le plus cruel embarras pour son approvisionnement, aussi ai-je demandé que l'exagération des baux puisse être arrêtée, et que l'amélioration qui est le fait de l'industrie du cultivateur, devienne sa propriété et non celle du possesseur du titre par l'augmentation du loyer; étant en cela d'accord avec maître Jacques Bujault de

Châlone (Deux-Sèvres), en qui les propriétaires ont si grande confiance, car dans ses conclusions, dans son *Guide des Comices et des Propriétaires*, il dit : Chacun travaille pour soi et non pour les autres, et qu'il y a une raison décisive qui fait repousser au cultivateur toutes les améliorations, car il craint de trouver à la fin de son bail un concurrent qui l'oblige à augmenter son fermage ou qui le déplace. C'est aussi l'opinion de M. Élisée Lefèvre, rédacteur du *Moniteur de la Propriété*, qu'il a émise dans le *Journal de l'Agriculture Pratique*, lors de la publication du *Guide des Comices* de maître Jacques Bujault. — Par là nous appliquerons l'apologie du prolétaire, car les prolétaires sont de toutes les classes.

Apologie du Prolétaire en 1832.

Le prolétaire aura ses revenus ; le prolétaire son industrie ; le propriétaire vit du présent ; le prolétaire de l'avenir ; le propriétaire use et consomme ; le prolétaire produit et invente ; le propriétaire est de sa nature stationnaire ; le prolétaire progressif ; le prolétaire aime la liberté, le propriétaire le pouvoir ; le prolétaire est pour les capacités ; le propriétaire des catégories ;

le propriétaire veut l'ordre par l'intérêt ; le prolétaire par raison ; le propriétaire est sûr de vivre et n'a besoin de rien savoir ; le prolétaire tire ses moyens d'existence de son courage et de son esprit ; le propriétaire, pour payer l'impôt, prend sur ses jouissances ; le prolétaire, pour payer les taxes, prend sur ses besoins ; le propriétaire a toutes ses joies ; le prolétaire tout le travail et les chagrins. Les conséquences de cette apologie sont :

1° Le travail est une propriété ;

2° Que le prolétaire compte sur ses bras comme le propriétaire compte sur son champ.

3° Que l'un sans l'autre sont comme l'âme sans le corps ;

4° Que le propriétaire et le prolétaire sont les deux sexes sociaux ;

5° L'un sans l'autre il n'enfante rien ;

6° Leur union fait leur vertu ;

7° Priver l'un de son travail et de son salaire qu'il attend, c'est le voler comme de prendre à l'autre son champ, son blé et son chanvre.

Tel était, en janvier 1832, l'opinion de M. Émile

Girardin à propos des évènements de Lyon, je ne sais s'il a changé depuis. A cette époque, la population lyonnaise se soulevait pour protester contre l'abus que faisait le fabricant de la position de maître. Aujourd'hni que l'ère de la justice nous apparaît, je suis venu, moi aussi, protester contre l'abus que le propriétaire du sol exerce envers le fermier qui, aussi, est un vrai prolétaire qui doit vivre de son industrie pour pouvoir payer convenablement des hommes qu'il emploie aux rudes travaux des champs.

Tels sont, citoyens représentants, les motifs qui m'ont décidé à profiter de l'éducation que m'ont fait donner mes parents, que l'expérience et le temps ont développée chez moi et m'ont fait demander la fixité de la rente sur la terre et la consolidation du capital foncier comme le seul moyen de brider l'avidité de celui qui possède au détriment de celui qui fertilise en travaillant pour lui, il est vrai, mais aussi pour la nation entière, en lui assurant ses vivres en abondance, et en assurant à la masse de la population agricole une honnête aisance et aux fabriques un débouché plus certain que l'exportation; où la France, dans les voies où nous marchons depuis 1830, peut seulement trouver l'écoulement à ses produits, car avec la politique suivie jusqu'à ce jour, nos campagnes se dégarnissent insensiblement, et notre sol, se ruinant, doit naturellement rendre pauvres les 28 millions d'êtres attachés à la culture des champs.

Tous ces motifs m'ont aussi portés à formuler, le 12 avril dernier, sur les bureaux de l'organisation du travail au Luxembourg, le travail qui va suivre et que j'ai aussi remis à plusieurs journaux qui n'ont pas compris ou pas voulu comprendre.

Voulant que l'opinion soit le juge de mes pensées, je me suis décidé à les faire imprimer, et réclame votre indulgence, quant au style.

ORGANISATION

FORMULÉE LE 12 AVRIL,

AU PALAIS DU LUXEMBOURG.

PRÉLIMINAIRE.

Les grands sacrifices que la politique du gouvernement déchu a imposés à la culture française depuis 1830, nous ont amenés la position où nous en sommes, position qu'il est important de changer et ce qui m'a fait dire : que l'excès des bras dans les grands centres et l'excès de concurrence industrielle, et la pénurie de capitaux dans l'industrie agricole a amené la société française sur le bord du précipice où elle s'engloutira si l'on n'y apporte un remède infaillible; pour arriver à ce but, je propose de reconstituer l'agriculture sur d'autres bases; par là nous assurerions à des millions d'hommes de l'ouvrage, et mettrions la France à l'abri du danger qui la menace; pour arriver à ce but, je propose :

§ Ier.

De garantir à l'Agriculture le fruit de ses travaux,

1° En déclarant la fixité de la rente sur la terre ;

2° En déclarant que les améliorations apportées à la terre par le fait de l'exploitant soit sa propriété.

Pour arriver à ce but je demande :

3° De déclarer la consolidation du capital foncier et la consolidation de la dette publique, les droits du propriétaire foncier devant être réglés par les fluctuations de la rente consolidée.

§ II.

Organisation de l'Instruction agricole.

1° De créer un bureau agricole au commissariat du département;

2° De créer des fermes-écoles où seront instruits les inspecteurs agricoles ;

3° D'adapter à l'instruction primaire une éducation agricole appropriée sur les principes émis par Jacques Bujault dans son *Guide des Comices*, et propager pour l'application et les détails le Manuel de Félix Villeroi sur l'élève des bêtes à cornes ;

4° De créer par arrondissement un inspecteur agricole qui sera l'inspecteur de la viabilité, et aura sous ses ordres des inspecteurs de cantons qui réuniront à l'exercice de leurs fonctions la surveillance et la réparation de la viabilité. La surveillance de la circulation des boissons et l'inspection de la moralité publique ; aux ordres des inspecteurs de canton seront les gardes-champêtres, qui eux, seront les agents de la surveillance publique et les conservateurs des droits et de la propriété de tous.

5° Les gardes-champêtres seront tenus tous les jours de jeter à la poste leur compte-rendu de la journée, qui sera remis à l'inspecteur de canton qui lui, le remettra à l'inspecteur de l'arrondissement, et de là au bureau agricole.

§ III.

Organisation du Progrès agricole.

1° Tous les ans, dans chaque arrondissement, il sera créé une fête agricole sous le nom de *Comice d'Arrondissement*, où seront invitées toutes les populations agricoles ;

2° Sur le rapport de l'inspecteur d'arrondissement il sera fait choix, par une société de cultivateurs, de ceux d'entre eux qui auront le mieux mérité par leurs produits et leur administration ;

3° Sur le rapport du même inspecteur il sera fait, par une société de travailleurs, nommée comme celle des cultivateurs, choix de ceux des travailleurs qui auront le mieux mérité par leur travail et leur moralité ;

Il sera alloué à chacun une récompense suivant son mérite.

§ IV.

Des Comices généraux et de la direction à donner à l'Agriculture.

1° Tous les cinq ans il y aura réunion au chef-lieu. Ce comice prendra le nom de *Comice de Département*. Là seront appelés à concourir tous les lauréats de la circonscription ;

2° Il sera tous les dix ans fait une réunion par région, ce qui formera le *Comice de Région*, où seront appelés à concourir tous les lauréats de la circonscription ;

3° Il sera créé un ordre de *mérite agricole* pour récompenser les lauréats de ces deux comices supérieurs, ordre qui sera aussi envié que la décoration militaire.

4°. Il sera créé au Ministère de l'Agriculture une Commission chargée d'examiner quelle direction l'on devra donner à l'Agriculture, pour se diriger dans le but de l'amélioration des races ovines et bovines qui ont été jusqu'à ce jour livrées à l'industrie de chacun, sans avoir reçu de la part du gouvernement, aucun encouragement bien méritant.

La race chevaline, elle, a une organisation qui lui a déjà procuré de grandes améliorations qui nous prouvent ce que peut une bonne direction.

5° Les grandes questions de reboisement, d'irrigations, d'assainissement, des biens communaux et de vaines pâtures et usagers, recevront leur solution dans la chambre consultative d'Agriculture qui doit remplacer le congrès agricole.

§ V.

Organisation contre les misères publiques.

Le malheur, malgré le bon vouloir des hommes, ne les met que trop souvent d'être dans une dure position sur la terre ; il est du devoir de la société de venir en aide au malheur. Je demande qu'un impôt progressif soit établi pour constituer la charité publique, et soutenir par ces fonds le malade sans ressources dans la souffrance, l'infirme contre la durté de sa position, et le vieillard dans sa vieillesse ; car, il est honteux pour la société et une nation telle que la nôtre de voir des êtres gorgés de bien-être, et les autres accablés de misères, de voir de ces êtres qui puissent dire, comme cet Anglais disait à un mendiant qui lui demandait l'aumône au bas des fenêtres du café Riche, après avoir fait un bon déjeuner, tel que là on les fait :

Eh ! Godem, toi être heureux d'avoir faim.

Loin de moi, cependant, l'idée de favoriser la paresse; mais au moins que nos rudes labeurs nous mettent à l'abri de l'infortune et du besoin, et que nos travaux et nos sueurs ne puissent devenir la proie du riche, qui, par son luxe et souvent son mépris, nous irrite et nous froisse.

L'organisation de l'agriculture, entraînant les bras vers les champs, ferait disparaître cette masse sans ouvrage que le fabricant exploite, parce qu'il sait que les bras lui manqueront moins que les débouchés à ses produits.

Ce grand revirement constitue en entier ce qu'on peut appeler l'organisation du travail, et qui de plus constituera l'organisation politique de la France, et évitera cette guerre à mort entre la France et l'Angleterre, que Napoléon lui a faite après le traité d'Amiens, et qui valut à la France l'humiliation de voir les armées étrangères dans sa capitale, et à l'Angleterre ces dépenses exorbitantes qui l'ont forcée à avoir recours à la consolidation. Le génie du grand homme reconnaissait que la force de la France reposait dans son agriculture; mais tout entier aux préoccupations de la guerre, et à l'encouragement du commerce, alors à l'enfance pour ses manufactures, il a tout fait pour lui, et le temps lui a manqué pour faire plus pour l'agriculture qui, par son organisation d'alors, a su vivre honorablement jusqu'en 1830. Mais alors l'intérêt privé, et la trop large part que le gouvernement déchu a faite au commerce, ont entraîné la balance et jeté la perturbation dans l'ordre social, et ont amené la crise actuelle. Les avantages de mon organisation sont connus, je l'ai dit incommensurables, et ont pour avantages principaux de garantir aux propriétaires leurs revenus, et aux fermiers les bénéfices de leur industrie, et aux travailleurs de l'ouvrage, et des vivres à un prix qui sera raisonnable à cause de leur abondance.

Mon organisation aura encore pour avantage de rendre inutile cette concurrence que l'Angleterre fait à notre commerce d'exportation, en créant un vaste débouché dans notre population, et éloignant par là cette lutte à mort que nous serions obligés de faire à cette reine des mers, en créant par cette organisation vigoureuse de quoi suffire à nos besoins nationaux; nous détruirions par ce moyen *la concurrence que les étrangers viennent nous faire sur nos marchés, et nous détruirions chez nous la concurrence que nous nous faisons les uns aux autres*, et nous constituerions une vaste association libre dans son exercice, et marchant tous au même but, c'est-à-dire à la production nécessaire à nos besoins, nous réaliserions par là l'énigme que M. Louis Blanc poursuit, et dont il sent si bien la nécessité de trouver; —association toutefois protégée contre la concurrence étrangère par nos douanes; je le sais, le commerce de mer criera à l'isolement. Mais n'est-ce pas par l'isolement que l'Angleterre a fait monter sa puissance telle que nous la voyons aujourd'hui; et son acte de navigation, n'est-ce par l'acte de l'isolement de sa nationalité. — Acte, dit-on, qu'elle parlait d'annuler, parce qu'il ne lui est plus d'aucune utilité, et qu'elle cherchait à faire aussi annuler la France pour finir par là de l'écraser par sa concurrence mercantille et de l'affamer pour satisfaire aux besoins présents de sa population agglomérée sur un sol qui ne peut plus lui fournir de quoi vivre. Les faits prouvent ce que j'avance.

Car, combien n'est-il pas entré de grains étrangers chez elle pendant la campagne de 1846 à 1847, et cependant tout a disparu et, encore aujoud'hui, eux seuls achètent des grains dans les ports de la Mer Noire et à Constantinople; et puis son bétail ne peut plus fournir à ses besoins, car voici le tableau des importations qu'elle a reçues depuis 1844, en bestiaux venant de la Hollande, de l'Allemagne et des côtes de la Normandie:

	1844.	1845.	1846.
Bêtes bovines.	2,378.	7,912.	15,411.
Bêtes ovines.	2,548.	12,890.	47,726.

Accroissement réellement effrayant, puisqu'en trois ans le nombre des bœufs a augmenté de sept fois le nombre primitif, et que pendant le même laps de temps le nombre des moutons a augmenté de dix-huit fois, sans que cependant la viande ait diminué du prix de vente. Les importations qu'elle reçoit en beurre, fromage et œufs sont aussi exorbitantes.

J'ai parlé de l'acte de navigation qui est certes le caractère le plus distinctif de la nationalité anglaise;

car cet acte de nationalité a fait toute sa puissance en rapportant tout à l'avantage de la nation. Par cette acte, l'Angleterre n'admettait aucune nation aux bénéfices de son organisation et de ses lois, et constituant par là une solidarité de secours mutuels, ce qui remplaçait chez eux cette *devise :* HUMANITÉ ET PATRIE, qui constitue chez eux une société, toute la force nécessaire pour exister, et qui chez nous est complètement oubliée ou abâtardie par l'intérêt privé.

Alors donc, nous devons à son exemple chercher à consolider notre nationalité et chercher à reporter tous les efforts individuels vers cette grande devise : HUMANITÉ ET PATRIE, et nous contenter d'être la première nation continentale de l'Europe en cherchant à nous faire nation essentiellement agricole ; puisque la grandeur et la fertilité de notre sol nous permettent de nous y placer tous encore pendant longtemps ; et puis ne nous est-il pas permis de croire que nous pourrons assez produire pour même nous occuper de commerce maritine ; et puis cette organisation, loin de nous rendre tributaires de l'Angleterre, nous fait entrevoir qu'elle pourra être bien heureuse de trouver à ses portes le trop plein de nos belles récoltes et de nos nombreux troupeaux ; mais ne nous jetons pas dans une organisation industrielle qui nous reporterait toujours à lutter contre la concurrence de l'Angleterre. Je crois que si M. Louis Blanc veut lire attentivement cette organisation, qu'il y trouvera tous ses désirs accomplis, car je crois qu'au fond de son cœur brûle ce feu sacré qu'on appelle amour de la patrie.

Ainsi, ce que je souhaite, c'est de voir s'établir en France un gouvernement qui soit essentiellement français, qui ne voie que les intérêts de ses nationaux, qui cherche à faire tourner tous les efforts individuels de ses nationaux vers la prospérité publique, et qu'il arrive à la juste répartition des charges à supporter par chacun, et n'accorde de distinctions honorifiques et les places qu'au vrai mérite; Napoléon avait ces grandes qualités, aussi lui pardonne-t-on les énormes sacrifices qu'il a imposés à la France.

L'application de mon organisation demandant des développements pour être bien comprise, je vais les donner article par article.

PRÉLIMINAIRE.

Nul ne peut nier que ce ne soit l'agglomération des bras dans les pays de manufactures qui ait permis aux manufacturiers de baisser le prix de la main-d'œuvre en présence de son manque de débouchés, et que ce soit la cause de la crise actuelle dans les villes et ces pays ; car dans les campagnes, il est vrai, il y a quelques misères, mais la charité publique bien organisée viendrait bientôt à bout de la faire disparaître, mais c'est dans les villes et les pays de manufactures que siége le mal. Là la crise actuelle et le manque de débouchés laissent d'innombrales bras sans pain et sans ouvrage, et doivent entraîner la société dans l'abîme de l'anarchie, puisque la concurrence actuelle de l'Angleterre ne nous permet pas de trouver d'écoulement aux produits de nos manufactures, et que la charité publique est impuissante devant un tel état de choses.

Donc, il est important de déplacer ces bras et de leur créer de l'ouvrage qui puisse être utile à la masse pour la faire vivre et lui assurer un bien-être qui la fuit par notre organisation de ce jour. Le seul moyen pour arriver à ces fins est de chercher à faire naître dans les campagnes une quantité notable d'ouvrage. L'intérêt privé peut seul amener ce changement notable et brusque qu'il est impossible au gouvernement de créer, puisque les capitaux lui manquent, et que ce n'est qu'en réveillant l'intérêt de chacun qu'on trouvera un vaste capital qui pourra enfanter des travaux tels qu'ils puissent occuper les innombrables bras qui manquent d'ouvrage, et y retenir ceux qui n'attendent que le moment de la quitter, n'y trouvant pas d'ouvrage par la pénurie d'argent et le peu de bénéfices qu'offre cette industrie à celui qui l'exploite.

§ Ier.

Aussi, est-ce pour cette raison que je demande que la rente sur la terre ne puisse s'élever suivant la volonté du propriétaire, et que l'exploitant ait une sécurité pour pouvoir se décider à apporter une plus grande extension dans son industrie.

Pour arriver à ce but je demande la consolidation du capital foncier; par là la propriété sera garantie de tout envahissement, car, concitoyen, je ne sais où se porteront les prétentions de la révolution, si l'on ne ne sait lui poser des limites justes, raisonnables et pleines d'avenir.

Cette consolidation du capital foncier permettra à l'exploitant toutes les améliorations utiles, car qui mieux que le fermier connaît ses besoins ? personne.

Alors l'intérêt privé, ce levier si puissant créera d'innombrables travaux, soit pour l'hébergement de ses plus nombreux troupeaux, ou pour resserrer ses plus fortes récoltes, et il faut rendre, par cette consolidation, les travailleurs de la terre, les maîtres d'en agir à leur gré, dans le but de l'amélioration. L'intérêt privé étant le meilleur et le plus sûr guide qui puisse garantir du succès de chacun, lorsqu'on travaille pour soi; donc, en présence du progrès général qui tendra à produire d'autant plus qu'on saura que le but à atteindre est de vendre à un prix raisonnable, *dont le tenancier du sol* saura qu'il n'est pour lui qu'une condition de pouvoir résister et tenir encore le sol, dont le produit le fera faillir s'il ne sait suivre le mouvement du progrès, et ne sait produire assez pour pouvoir fournir à des prix raisonnables, mais que le progrès de tous tendrait même à faire descendre. Le tenancier du sol, bien convaincu de cela, garantira assez l'augmentation du sol, parce que son intérêt privé en garantira l'amoindrissement.

Ce n'est qu'avec des droits de propriété que l'on peut faire des améliorations, et ces droits s'acquèreraient positivement, si la valeur livrée par le propriétaire était positivement *déterminée.* C'est cela que j'appelle consolidation du capital foncier, alors partant de là, l'amélioration pourrait être évaluée et devenir le propre de l'exploitant. La fixité de la rente sur la terre aura pour effet de faire tomber ces modes de fermages contraires aux principes émis par la révolution de 1848, et celle de 1790.

Rente à blé.

Ce mode appelle le propriétaire à profiter de toutes les chances du prolétaire, son fermier; car, lorsque le blé est cher, la cause principale est qu'il en a peu récolté, alors donc le propriétaire vient usurper à son fermier la chance de pouvoir gagner quelque chose et de pouvoir combler les déficits que de mauvaises années lui auront amenés; car le propriétaire réclamera toujours la quantité déterminée, mais, me dira-t-on, le propriétaire participe aussi à la vente à bas prix, lorsqu'une bonne récolte aura augmenté ses produits de vente entre les mains de son fermier; je répondrai à cela que la concurrence à lui, propriétaire, lui a assuré d'une manière assez élevée le placement de sa terre; et puis, lui riche ne court aucune mauvaise chance de vente, puisqu'il peut attendre une vente à prix raisonnable, tandis que son fermier, qui est toujours pressé d'argent, est obligé de livrer au commerce ses produits le jour qu'il les a de disponibles. Ainsi donc cette manière de louer est contraire aux principes de la révolution de 1848, qui veut que le propriétaire ait ses revenus seulement, et que le prolétaire ait toutes les bonnes chances de son industrie, puisqu'il encourt toutes les mauvaises. Le cheptel et le colonage sont contraires aux principes émis en 1790, parce que là existe encore l'image de la féodalité, et que ce mode de louer s'opposera toujours aux progrès. Mais, me répondrez-vous, nos colons sont nos serviteurs qui ne peuvent marcher sans nous, parce qu'ils n'ont pas de capitaux, et nous peut-être sans eux, parce qu'éloignés de nos fermes, remplissant d'autres fonctions, nous ne connaissons qu'imparfaitement la pratique et les détails. A cela, je leur répondrai, là est le germe du mal, car dit Jacques Bujault, chacun travaille pour soi et non pour les autres. Donc vos colons ne vous garantissent pas tous les produits que vous-mêmes vous pourriez en retirer.

Maîtres de la terre, vous seuls pouvez tout faire, et vous ne vous en occupez pas, vous dit encore cet homme sensé. Donc, quittez vos sinécures, faites-vous cultivateurs, engraisseurs de bestiaux et producteurs de sucre. La population qui vous entourera y gagnera, parce que vous qui êtes riches, vous pourrez payer raisonnablement, et que vos capitaux créeront de l'ouvrage, ou cédez à vos colons votre capital d'exploitation, et l'intérêt privé sera pour vous un garant de son retour, et de plus vous pourrez prendre vos sûretés. Le métayage manque d'une partie de capitaux, cédez-lui vos droits en prenant aussi vos sûretés ; car il n'est pas de progrès possible si l'homme n'est pas libre de toutes contraintes et de toutes servitudes. Propriétaires, c'est là la nécessité de l'époque, soumettez-vous-y, et tout ira bien.

Le gouvernement étant intéressé à ce revirement, mettra à la disposition de l'agriculture ses innombrables forêts, cela en ne demandant le remboursement de ses avances faites en nature qu'à la volonté du preneur, à la condition toutefois de lui servir ses avances aux taux de 3 p 0/0, à partir d'un an après la prise en possession ; par là nous occuperons ces innombrables bras qui, faute d'ouvrage et de pain, mettent l'état à deux doigts de sa perte ; car, concitoyens, ventre affamé n'a pas d'oreilles. Ces travaux occuperaient donc d'innombrables ouvriers, soit comme maçons, charpentiers, scieurs de long, et donneraient de l'activité au commerce comme tuiliers, chaufourniers, et reportant la consommation dans les campagnes, feraient que les ouvriers pourraient encore travailler sans grande augmentation de salaire, attendu que là ils trouveront les vivres à meilleur marché ; si ces travaux n'absorbent pas la masse des bras inoccupés, ceux qui ne seront point propres à ces travaux pourront être d'un utile secours à la culture pour le fanage des prairies et le sciage des blés, ou pour ramasser des pierres et préparer ainsi des matériaux pour la réparation des chemins vicinaux qui, dans bien des communes, sont dans un état pitoyable.

§ I.

Je demande aussi la consolidation de la rente, car tout le monde sait que l'État est dans l'impossibilité de rembourser les sommes énormes de la dette, et puis, qu'après tout, cela ne ferait que déplacer la fortune particulière de chacun, et que le gouvernement a trop d'améliorations à faire pour pouvoir espérer de s'en occuper.

Alors donc la masse des fortunes particulières et le sol étant les garanties de la rente, la fluctuation de la rente sera le vrai baromètre de la prospérité publique. Je demande donc que le chiffre auquel la rente aurait atteint soit le régulateur de la propriété consolidée, parce que la plus grande valeur des choses étant le fait de la plus grande quantité de numéraire en circulation, ou le baromètre de la plus grande prospérité publique, le propriétaire doit avoir réellement droit sur sa chose prêtée (la terre), comparativement à la détérioration de la valeur du numéraire, et doit être réglé le jour de la vente suivant le chiffre de la rente consolidée, qui aussi doit être le baromètre de la sécurité, de la conservation de la nationalité. Ainsi, le jour de la mise en vente de la part du propriétaire, l'exploitant pourra lui dire : Je prends votre terre et vous paie suivant la loi. Je n'entends pas vouloir demander que le propriétaire ne puisse rentrer dans la possession de sa chose ; loin de moi ces pensées ; mais je souhaite qu'il y ait des baux qui ne puissent être moindres de quinze ans, parce qu'alors si le propriétaire veut lui-même exploiter son sol, il pourra le faire en payant les améliorations apportées à la terre à partir des droits inviolables de la propriété établis par la fluctuation de la rente. Ainsi si une propriété est estimée, par l'estimation qu'on sera obligé de faire pour en établir la valeur et pouvoir baser la rente et l'impôt, se monte à 100,000 fr., et qu'au moment de la fin du bail ou de la vente, que la rente dont le chiffre normal est de 100 fr., ait atteint le chiffre de 110 fr., donc la propriété, pour la part du propriétaire, vaudra 110,000 fr. ; mais cependant la propriété vaudra et pourra être vendue, par le fait des améliorations apportées, la somme de 130,000 fr., donc les 20,000 fr. excédant sont la propriété de l'exploitant, et doivent lui être remboursés. Alors par-là la propriété et l'industrie y trouveront chacune leur compte. Toutefois je n'admets le déplacement du fermier que par la fin de bail, et dans le cas seulement où le propriétaire voudrait lui-même faire valoir sa propriété, parce que, s'il en était autrement, on éluderait la consolidation, et l'homme faux trouverait toujours le moyen d'éluder la loi par les pots-de-vin et autre soulte. Ne pouvant augmenter le chiffre de rente, je demande, comme conséquence, que si le propriétaire, après avoir essayé à se faire cultivateur, change d'idée et veuille louer son bien, qu'il ne puisse le louer à d'autres qu'à son précédent fermier ou à quelqu'un de ses enfants. Par-là, nous ôterons à l'homme riche le moyen de faire sentir à un homme qui, à une époque, n'aurait pas voulu se prêter aux caprices d'hommes plus élevés que lui par la fortune; parce que malheureusement l'homme riche aime le pouvoir et veut qu'un homme tel que lui ait toujours raison; donc nous dégagerions ces hommes des entraves de l'intérêt privé en les rendant libres de ceux qui pourraient leur faire sentir la puissance de leur fortune, et nous empêcherions aussi les manœuvres de l'homme faux, qui pourrait conditionnellement exploiter quelques années pour satisfaire à la loi, et trouver encore plus tard le moyen de remettre en jeu la concurrence que la consolidation doit à jamais anéantir.

§ II.

Les éléments de la prospérité publique étant entièrement dévolus à l'agriculture, il est du devoir du gouvernement d'assurer et d'organiser les moyens, et comme pour savoir il faut apprendre; je demande :

1° Qu'il soit créé à la Préfecture où commissariat de chaque département, un bureau agricole de la direction duquel parte l'impulsion à donner à l'agriculture et les améliorations à prôner, car, concitoyens, à côté de la force, doit toujours exister la persuasion ; car nous sommes de notre nature tels que si l'on nous offre une chose appuyée de la force seule, nous lui résisterons, quoiqu'intérieurement nous admettions que la chose soit bonne en elle-même.

La position de ce bureau lui permettrait de prendre tous les renseignements possibles, tels que la réelle statistique de la France agricole ; il sera l'intermédiaire entre le pouvoir et l'industrie agricole.

2° Je demande aussi qu'il soit formé des fermes-écoles assez nombreuses où seront instruits tous les inspecteurs agricoles.

Les jeunes gens destinés à ces emplois, seront pris parmi les jeunes gens qui montreraient le plus de capacités dans les écoles élémentaires, et parmi les enfants des fermiers qui suivraient aussi ces cours où on les admettrait.

L'agriculture étant le nerf de toutes choses, et devant conséquemment diriger beaucoup, nous avons besoin d'hommes réellement instruits et pris dans la population agricole.

En attendant, nous pourrions organiser notre agriculture en nommant nous-mêmes aux fonctions d'inspecteurs d'arrondissement, des cultivateurs éclairés qui ont notre estime en ayant fait preuve de savoir, sacrifiant même les opinions politiques au savoir et au mérite de bien faire comme industriels.

Nous pourrions faire entrer dans les emplois intérieurs d'autres cultivateurs ou nos meilleurs chartiers et bergers, car la fonction de garde-champêtre réclamera même des connaissances agricoles. Nous releverons par là, les connaissances pratiques de ces hommes si ignorés, il est vrai, mais si utiles dans les rouages de la prospérité publique ; prospérité qui s'acquérera de la part du cultivateur par la bonne direction ; de la part du chartier par le bon labourage, et de la part du berger, par les bons soins et la bonne conduite des troupeaux tant en culture, les plus petites pertes ont une grande valeur par le fait seul qu'elles peuvent être répétées tant de fois et par tant de gens différents.

3° Je demande d'adapter à l'éducation élémentaire une éducation agricole appuyée sur les principes émis par Jacques Bujault, parce que cet honorable cultivateur dit beaucoup en peu de mots et parle un langage à pouvoir être compris de tous, et qu'il apprend tout ce que l'agriculture pratique a besoin de savoir. Je demande aussi que l'on fasse connaître pour l'application et le détail, le *Manuel* de Félix Villeroi, parce que cet habile praticien nous apprend tous les détails de l'application.

4° Je demande la création d'un inspecteur d'agriculture par arrondissement, parce que cette création est le moyen d'action de cette organisation tout agricole. La place du directeur et magistrat de notre industrie, ne sera pas un vain titre ; car non-seulement il sera l'inspecteur de son arrondissement, mais aussi il sera l'inspecteur des routes et des chemins vicinaux, car sans routes ni chemins point de bonne agriculture ou pas d'agriculture avantageuse ; car les mauvais chemins tuent nos bêtes de trait, ruinent nos équipages et consument notre temps. Une nation étant une grande association, dont les membres sont solidaires, surtout pour les moyens de son existence. L'inspecteur, en vertu de cette solidarité, aura droit de déplacer les forces actives de la culture, mais inoccupées, pour combattre les intempéries des saisons, et de les transporter dans les endroits où l'ouvrage abonde. Ainsi les terres à sous sol crayeux permettent de faire avec facilité et de bonne heure les ensemencements du printemps, tandis que les terres à sous sol argileux ne peuvent occuper leurs chevaux et leurs guides, et sont obligés de les laisser à l'écurie, tandis que leurs voisins pressent leurs ensemencements à outre-mesure, et que plus tard ils sont inoccupés, tandis que ceux-ci sont débordés et harassés par la besogne. Les ensemencements de printemps qui viennent de s'écouler ne nous en donnent que trop malheureusement une leçon, et qui pourra plus tard nous coûter bien cher. Par cette mutualité de secours, on pourrait diminuer le nombre des chevaux d'un huitième au moins, et faire retourner à une plus grande production de viande les économies que procurerait cette énorme diminution de chevaux, et puis nous aurions encore l'avantage immense de faire nos ensemencements en temps opportun, ce qui ne serait pas d'une petite influence, par le rendement de nos récoltes; et cette plus grande abondance ainsi ménagée nous permettrait d'entretenir de plus nombreux troupeaux qui viendraient fournir nos besoins et nous dégager du tribut énorme que nous payons à l'Allemagne pour l'introduction de ses troupeaux.

Pour rendre cette mutualité plus libre et moins vexatoire dans son application, chaque cultivateur choisirait le cultivateur où il entendrait exercer cette mutualité, et l'inspecteur n'aurait pas le droit d'assigner le lieu et la personne, mais bien celui d'exiger que l'emploi ait lieu. L'ordre de transport, s'il ne s'exécutait pas volontairement, serait donné au son de trompe comme acte d'autorité. Les renseignements des inspecteurs de canton détermineraient cet ordre de la part de l'inspecteur d'arrondissement. Pour assurer les moyens d'hébergement pendant l'exercice de cette mutualité, il serait préparé dans chaque ferme une écurie pour recevoir ces attelages portant au-dessus de la porte ce titre :—*Ecurie auxiliaire. Aux ordres de l'inspecteur d'arrondissement.* Je créerais des inspecteurs de canton dont la surveillance sera plus circonscrite, mais plus de détails ; à eux, sera dévolue la direction des travaux à opérer sur les routes et les chemins vicinaux ; ils auront aussi le contrôle de la circulation des boissons, car dorénavant le droit de circulation sera le seul droit perçu sur les vins, le droit d'exercice devant tomber devant la loi d'égalité ; car jusqu'à ce jour, le vin du cabaret a lui seul supporté presque tous les droits perçus sur les vins.

En même temps, il sera le commissaire de police des campagnes. Ces agents n'auront aucun insigne apparent qui puisse les faire reconnaître afin de pouvoir saisir le délinquant au moment où il y pensera le moins et surveiller avec plus d'influence morale les gardes-champêtres qui seront à leurs ordres.

Les gardes-champêtres étant aux ordres des inspecteurs de cantons, seront par là, soustraits à l'influence des maires, qui en ont souvent fait des machines de leur vengeance particulière et ils deviendront ainsi, les vrais conservateurs des droits et de la propriété de tous, en étant les conservateurs des droits de la nation.

5° Les gardes-champêtres, comme soumis à l'autorité immédiate des inspecteurs de canton, seront leurs agents immédiats, inspecteront les travaux des chemins, les dirigeront même, si leur circonscription n'est pas assez étendue.

Ils seront les inspecteurs des travailleurs des champs, parce que la prospérité publique étant la conséquence de la prospérité particulière, le mauvais service ou le vol de travail est réellement un vol fait au pays en entier, car la société, garantissant à chacun du travail et le bien-être, et des secours dans le besoin ou l'adversité, a droit à tous les services possibles de la part de chacun de ses membres.

6° Moyen pour arriver à récompenser le bon ouvrier et blâmer le méchant. —Les gardes-champêtres seront tous les jours tenus de jeter à la poste leur compte-rendu de la journée, qui sera remis à l'inspecteur de canton, de là, à celui d'arrondissement, et puis au bureau du département. Cette manière d'agir empêchera qu'il y ait, de la part des gardes-champêtres, des vindications particulières, parce qu'étant soumis à l'inspecteur de canton, ils n'oseraient pas y déposer autre chose que le vrai; attendu que l'inspecteur de canton sera lui-même obligé d'annoter ce compte-rendu; alors certainement, cet inspecteur ne le fera qu'après s'être assuré lui-même de l'exactitude du fait. Ces rapports serviront, à l'inspecteur d'arrondissement, de matériaux pour formuler son rapport devant le comice, pour réclamer la récompense du bon et provoquer le blâme du méchant.

---

§ III.

Organisation du Progrès par le point d'honneur et la récompense.

3° Sur le rapport de l'inspecteur d'arrondissement, etc., etc.

Ceci est le complément d'une organisation dont je n'ai pas encore parlé. Il arrive quelquefois, et cela que trop souvent, qu'il s'élève entre le maître et l'ouvrier des querelles que quelquefois l'exigence du maître attise, mais que souvent aussi le mauvais vouloir de l'ouvrier allume; ce que je désire, c'est de voir s'éteindre ces étincelles de discorde qui, de proche en proche, ont embrasé toute la société, et l'ont fait se diviser en deux camps malheureusement trop distincts. Je souhaite que, dans chaque commune, il existe un tribunal qui sera celui de la conciliation; là seront jugés tous les différends qui s'éleveront entre le maître et l'ouvrier, il donnera son avis sur les affaires qui naîtront dans le sein de la commune; et nulle affaire ne pourra être portée aux tribunaux supérieurs avant d'avoir passé par ce degré de conciliation. Ce tribunal sera formé par l'élection, et se composera de sept membres, dont trois pris parmi les maîtres, trois parmi les travailleurs, et le septième indistinctement. — C'est dans ces tribunaux que seront prises les sociétés appelées à distribuer les primes au comice à ceux qui les auront méritées.

§ IV.

Des Comices généraux.

1° Comme il importe, pour le développement de l'industrie agricole, qu'il soit établi divers degrés d'émulation; et que, pour stimuler la rivalité de bien faire entre les divers arrondissements, il soit établi un comice au département qui aura le nom de *Comice de Département*, et se réunira tous les cinq ans au chef-lieu, là seront appelés à concourir les lauréats des comices d'arrondissement; cette noble rivalité retournera à l'instruction, au bien-être de tous et à la prospérité nationale.

2° Comme il existe des contrées dont les produits et la culture sont identiques, et que ces contrées embrassent plusieurs départements, il est bon aussi d'entretenir une noble émulation entre ces départements; par là, nous obtiendrons et propagerons le meilleur mode à suivre pour poursuivre le grand but, qui est la prospérité nationale.

3e La civilisation que nous avons acquise par cette longue paix, nous fait accepter la guerre comme une calamité que l'on accepte malgré soi, nous fait demander tout naturellement notre avenir à l'agriculture et au commerce.

La noble émulation dans ces deux occupations ayant, tout autant que la bravoure et les connaissances militaires, son mérite, a tout autant qu'elles droit à des distinctions de mérite. — Alors, pour ces motifs, je demande qu'il soit créé un ordre de mérite agricole. Cela n'a rien de contraire avec la loi de l'égalité, puisque le mérite de chacun n'est pas égal.

DE LA DIRECTION A DONNER A L'AGRICULTURE POUR L'AMÉLIORATION DES RACES BOVINES ET OVINES.

De la race ovine.

Le gouvernement déchu, méprisant ou ignorant que c'est du sol que doit sortir le commerce entier d'une nation, a laissé l'agriculture dans le plus cruel abandon. Aussi, avons-nous vu disparaître nos beaux troupeaux de mérinos; la Beauce n'a-t-elle pas vu disparaître de ses riches plaines ces belles toisons dont, il y a dix-huit ans, la finesse faisait son orgueil par le seul fait que le gouvernement a ouvert ses portes à l'importation des laines d'Allemagne et d'Espagne, par l'ordonnance de 1834. Aussi, depuis ce jour, la production de la laine et la reproduction des troupeaux ont, par le découragement, fruit de cette ordonnance, erré à l'aventure, et, malheur au capitaliste qui a voulu lutter contre cette concurrence étrangère. Car, à partir de ce jour, le prix de nos laines a décru du tiers de leur valeur et a porté à l'agriculture le plus rude des échecs, a frappé, j'ose le dire, nos champs de stérilité, car le cultivateur, luttant contre cette fâcheuse position, demandait tout et toujours au sol, et mis à exécution cet adage de maître Bujeault : *Qui laboure tout et toujours, ne portera pas culotte de velours*; *et celui qui ne fait pas de pré n'aura pas de blé.* — Le nombre des troupeaux diminue par les influences de cette ordonnance. Le cultivateur fait, il est vrai, des prés, mais ayant toujours besoin de demander au sol, il ne les y laisse qu'un moment et les retourne souvent pour l'ensemencer, et laboure donc tout et toujours, aussi aujourd'hui il ne porte pas culotte de velours, bien loin s'en faut. Les fautes du gouvernement avaient donc livré nos intérêts à l'avidité de l'industrie, et nous rendait tributaires de sa spéculation, parce que tout le monde a appris à savoir que nous ne sommes pas riches.

Mais, malheureux calculs de l'égoïsme, vous serez frappés par les verges que vous avez si bien assemblées pour nous épuiser. L'ordonnance de 1834 faisait descendre le droit d'entrée sur les laines étrangères, de 33 p. °/₀ à 22 p. °/₀. Ainsi, l'on accordait à l'étranger plus même qu'on nous ôtait, car l'étranger, profitant de notre découragement, améliorait ses laines, tandis que les nôtres se dépréciaient et que, cachant cette amélioration à la douane, en en déclarant la valeur, souvent payait à peine 12 à 15 p. °/₀.

Le quelque peu de prospérité qu'avait obtenu l'agriculture en 1830, avait sans doute porté ombrage à ce gouvernement et excité peut-être la jalousie du commerce, à laquelle il a fini par lui sacrifier l'avenir de la culture française; mais le bon sens et la justice ont fait raison de ses erreurs, et sa chute malheureusement entraînera celle de ceux qui ont suivi ses errements.

O Français! réjouissez-vous que cette révolution soit arrivée aujourd'hui, et non cinq ans plus tard, parce qu'aujourd'hui notre agriculture, sans être riche, a encore assez confiance en elle-même pour oser de grandes choses.

La rivalité de commerce entre la France et l'Angleterre fait un devoir au gouvernement de s'occuper très activement de la direction qu'il doit donner à la production des laines, tout en la faisant marcher de front avec la production de la viande.

Il n'est rien d'impossible à l'homme, surtout avec les connaissances acquises jusqu'à ce jour ; lorsqu'il y a persévérance, force et savoir ; nos connaissances acquises et l'exemple de l'Angleterre, nous invitent à en tenter l'essai, et nous fait espérer de voir naître parmi nous un Beackwell.

Pour arriver à ce but, il doit assembler des hommes compétents dans l'art des manufactures, et des hommes compétents dans l'élève des bêtes à laine, pour que ces hommes puissent mettre leurs lumières à la disposition de l'avancement de cette amélioration en France. C'est par là qu'arrivera la solution de cette importante question ; quant à moi, c'est ma conviction. Les connaissances de M. Ivort lui réservent une place dans cette commission.

De l'amélioration de la race bovine.

La race bovine, plus heureuse ou moins délaissée que la race ovine, a reçu quelques améliorations partielles et disséminées qui fondront bientôt, pour peu qu'on néglige cette reproduction capitale d'un état, car c'est avec ses fumiers qu'on obtient les meilleures récoltes de blé ; avec son lait on se nourrit, avec sa viande les hommes acquèrent la force et la santé, son cuir est pour nous de première nécessité. Jusqu'à ce jour, grâce aux introductions de l'Allemagne, nous avons vécu de viande, quoiqu'à un prix assez élevé, et, grâce aussi aux introductions des cuirs de l'Amérique, nous avons pu subvenir à nos besoins. Mais, si dans la position actuelle, ces ressources nous manquaient, nous pourrions voir le prix de ces denrées monter peut-être à un tiers de plus de valeur, si la consommation ne diminuait pas.

Les importations de l'Allemagne, attirées par le haut prix des viandes en Angleterre, nous menacent de voir tarir pour nous ces ressources de l'Allemagne, et nous fait une loi d'assurer notre approvisionnement en augmentant notre bétail. — Et puis les hauts prix qu'ont acquis les bêtes de service d'étable (les génisses) nous prouvent aussi nos besoins.

Donc, il est aussi du devoir du gouvernement de chercher à stimuler l'extension de cette branche si essentielle à l'économie politique des peuples, et de chercher à lui donner la meilleure direction possible dans le but d'améliorer les races sous le rapport d'engraissement, du produit du lait et du travail, et chercher, s'il était possible, de réunir la plus grande somme de ces qualités dans la même race. Pour arriver à ce but, je crois qu'il est aussi du devoir du gouvernement de réunir des hommes compétents dans cette haute question, soit comme engraisseurs, éleveurs et cultivateurs, et que le nom de M. Guenon doit aussi figurer dans cette commission. — Le *Manuel* de Félix Villeroi, sur l'élève des bêtes à cornes, est un précieux document pour cette question. Les connaissances de M. Moll doivent aussi lui réserver une place dans cette Commission.

Congrès agricole et Chambre consultative.

Les lumières que doit réunir une assemblée aussi notable, doit apporter de grands éclaircissements sur les questions de reboisement, d'irrigation, d'assainissement, des biens communaux, de vaines pâtures et d'usagers dans les biens communaux et nationaux.

Qu'il me soit cependant permis d'émettre ici mes opinions sur ces questions. — Le reboisement étant considéré comme une opération utile et de nécessité, mais aussi, comme une opération peu lucrative, sera de longtemps sans être réalisée, si on l'abandonne à l'intérêt privé ; alors donc, le gouvernement doit prendre sur lui d'entreprendre ces travaux peu fructueux, soit en les faisant poursuivre par ses agents forestiers, soit en faisant des concessions. Le gouvernement devra toutefois rester le banquier de ces travaux.

Quant à la question d'assainissement et d'irrigation, ces améliorations devant profiter aux contrées en vue de l'amélioration desquelles elles seront faites, le gouvernement devra faire faire des études pour arriver à ces résultats, et faire exécuter ces travaux d'office, après avoir pris l'avis de la chambre consultative et les diriger comme travaux d'utilité publique, et prélever le remboursement de ces travaux soit en consolidant la masse des dépenses dont la contrée fertilisée lui servirait les intérêts, ou en amortissant les dépenses par une contribution annuelle qui, quoiqu'en servant les intérêts du capital, en amortirait aussi la masse, cela en augmentant d'autant plus qu'on s'éloignerait de la date des dépenses.

Je ne dirai cependant rien sur les questions des biens communaux, de la vaine pâture, et des usagers dans les biens communaux, parce que je considère ces questions comme des questions de localités qu'on ne saurait faire devenir générales.

Organisation contre les misères publiques.

Cette question est pour l'actualité un lourd fardeau pour la société. Fardeau que, cependant, l'on peut amoindrir en cherchant, chacun pour sa part, à y subvenir par son offrande; mais malheureusement chacun donne le moins qu'il peut. Alors donc le gouvernement sera obligé d'imposer à chacun d'autant plus qu'il sera plus riche. Alors seulement l'excès de bien-être viendra au secours de l'excès de misère, non suivant les étroites inspirations de l'âme; mais la grandeur de la fortune, et la misère du jour sera soulagée. J'appelle gouvernement tous les pouvoirs constitués, principalement la chambre des représentants ; qui, eux, sont tout. L'âme enfin de la nation.

Le but de cette organisation étant de retirer des villes toute cette population qui y vit au jour le jour, pour la reporter vers la campagne, doit nous faire espérer que les misères publiques diminueront. Le fait prouve jusqu'à ce jour, par la statistique, que nos populations agricoles ont décompté dans la balance des misères et du dénuement moins qu'aucune autre. Espérons donc que, si cette organisation de l'agriculture a pour but de rappeler ce trop de nos populations des grandes villes vers les champs, elle saura aussi les retenir, le commerce et le gouvernement aidant, et que, par là, nous pouvons espérer de voir le nombre des misères à soulager s'amoindrir tous les jours.

Les derniers décrets du gouvernement, quant aux impôts sur le luxe, n'étant pas d'accord avec ma manière de voir, non dans les principes, mais dans l'application, je crois devoir protester contre cette application, et donner quelques développements de ma manière de voir cette question.

Tous les citoyens étant égaux devant la loi, chacun a également droit à la liberté d'agir après avoir acquitté sa part de tribut à la chose publique, et le droit de disposer de sa fortune, toutefois qu'il ne blesse ni la morale publique, ni les intérêts de la nationalité.

Partant de ce principe, je trouve et je soutiens que l'application de cet impôt, tel qu'il est décrété, est nuisible au commerce et à la liberté des citoyens qui n'ont d'autres ressources que leurs bras; parce que l'homme riche qui, avant ce décret, faisait vivre deux, trois, quatre, cinq et même plus, domestiques mâles, renverra tous ces domestiques, et frustrera ainsi l'impôt, et mettra à la charge du gouvernement des hommes sans ouvrage, puisque le gouvernement se croit moralement obligé de fournir de l'ouvrage à tous les membres de la société qu'il protége ; nuisible au commerce, parce que ce renvoi amoindrira les dépenses et la consommation, et nuisible à l'industrie, parce que cet homme vendra son équipage, il se contentera des meubles qu'il aura, et en vendra même une partie, parce qu'il lui sera pénible de voir ses vastes salons et ses élégantes antichambres privés du personnel qui les animait ; nuisible à l'amélioration et à l'industrie chevaline, parce que c'est la grande fortune qui la prime ; et nuisible aussi à l'agriculture des environs des grandes villes, parceque vous la priverez de la vente de ses avoines, fourrages et paille.

Ou alors vous voulez dégager l'homme qui, jusqu'à ce jour, a été attaché à la personne même, de la servitude à laquelle il est abaissé pour se dérouiller en le forçant à vivre au milieu des frères qui sont des hommes libres et indépendants, ou vous cherchez par là à faire retourner aux champs, pour s'y retremper, ces bras oiseux qui se sont énervés dans les palais ; ou voulez-vous détruire ce goût du luxe de la table, et que sa profusion serve à augmenter le confortable du pauvre ?

Où voulez-vous détruire cette finesse acquise dans

les arts par les profusions du riche qui ont fait de Paris un vrai pays de féerie; car ce riche n'entretiendra plus ces vastes ateliers de carosserie et d'ébénisterie, et vous créera encore de nombreux ouvriers sans ouvrage?

Ou voulez-vous porter un coup mortel à l'amélioration de cette race qui fait les délices de l'homme riche, ou voulez-vous la remplacer par l'énergique cheval de guerre qui peut-être ne nous sera plus d'aucun secours en présence de l'opinion de tous les peuples, ou par le bœuf qui nous dispensera d'aller chercher des engrais autre part que chez nous?

Je le sais, la destruction de tous ces abus de la fortune pourrait sapper chez nous bien des vices, et nous reporter au temps heureux d'Homère ou des patriarches de l'Asie, où des beaux bœufs blancs traînaient paisiblement les prémices de la nature, au son des chants des bergers et de leurs compagnes.

Mais non, ces temps ne sont plus; peut-être reviendront-ils; mais ils ne seront pas pour nous!

Donc, je résume qu'on ne peut changer brusquement les mœurs d'une nation, et qu'on doit chercher, s'il est possible, à y arriver progressivement.

Je me résume aussi, quant à l'impôt et à son application, que je trouve vexatoire et nuisible à plusieurs industries, et dis : L'impôt proportionnel est obligatoire pour tous ; mais les droits de la justice veulent que chacun paie suivant ses moyens, car Socrate disait : *Le bœuf du pauvre est aussi agréable à la Divinité que l'hécatombe du riche.* Donc, la Divinité, suivant cet homme juste, ne demande que suivant les moyens de chacun. Donc, je demande qu'en dehors de l'impôt proportionnel, il soit établi un impôt progressif qui, lui, sera le vrai impôt sur le luxe, tout en laissant au riche sa liberté d'agir et de jouir. Il est encore un autre moyen d'atteindre le riche, ce sont les impôts sur les objets de consommation, de luxe, à l'entrée des villes. Cet impôt n'étant pas direct, sera supporté avec facilité, parce qu'il n'aura rien de vexatoire ; par là, nous laisserons vivre toutes les industries.

Je demande, pour arriver au but que je propose, la révision de toutes nos lois de douanes.

Tel est, Citoyen Représentant, le tribut d'une âme républicaine qui voit avant tout son pays.

Salut et Fraternité !

DESROZIERS AINÉ.

A Long-Orme-Ablis (Seine-et-Oise).

Dans les premiers jours de mars, j'ai remis au Gouvernement provisoire ma manière de voir notre position à cette époque et la marche à suivre, et le 11 avril, j'ai remis à M. Louis Blanc un article sur le *Libre-Echange*. J'attends du Gouvernement et de M. Louis Blanc la publication de ces deux articles.

TABLE

DES MATIÈRES.

page

Typog. Bénard et Comp., pass. du Caire, 2.

www.ingramcontent.com/pod-product-compliance
Ingram Content Group UK Ltd.
Pitfield, Milton Keynes, MK11 3LW, UK
UKHW020415230726
13925UKWH00004B/1447

9 782019 246518